國家圖書館出版品預行編目（CIP）資料

我們的椿象圖鑑：惱人的蟲蟲變成大家的寶貝；
　　鈴木海花文；秦好史郎繪；游韻馨譯.
　　-- 初版.-- 新北市：快樂文化出版：
　　遠足文化事業股份有限公司發行, 2022.04；
　　面；　公分

譯自　わたしたちのカメムシずかん：やっかいも
　　のが宝ものになった話
ISBN　978-626-95760-1-2（精裝）

1.CST: 半翅目　2.CST: 昆蟲　3.CST: 通俗作品

387.764　　　　　　　　　　　　　　　　111004551

我們的椿象圖鑑　惱人的蟲蟲變成大家的寶貝

作者：鈴木海花　插畫：秦好史郎　譯者：游韻馨
責任編輯：許雅筑　美術設計：黃淑雅

出版｜快樂文化
總編輯：馮季眉　編輯：許雅筑
FB 粉絲團：https://www.facebook.com/Happyhappybooks/

讀書共和國出版集團
社長：郭重興
發行人兼出版總監：曾大福
業務平台總經理：李雪麗　印務協理：江域平　印務主任：李孟儒
發行：遠足文化事業股份有限公司
地址：231 新北市新店區民權路108-2 號9 樓
電話：（02）2218-1417　傳真：（02）2218-1142
法律顧問：華洋法律事務所蘇文生律師

定價：320 元　ISBN：978-626-95760-1-2（精裝）
印刷：中原造像股份有限公司　初版一刷：西元2022年4月

特別聲明：有關本書中的言論內容，不代表本公司 / 出版集團之立場與意見，文責由作者自行承擔。

我們的椿象圖鑑

惱人的蟲蟲變成大家的寶貝

鈴木海花 文

秦好史郎 繪

游韻馨 譯

　　一聽到「椿象」，大多數人都會皺起眉頭說：「哇，那個臭蟲啊。」椿象常附著在洗好晾掛起來的衣服上，牠會入侵住家，也會損害農作物，以人人討厭的「惱人昆蟲」而聞名。

　　然而，這「惱人的昆蟲」卻給日本岩手縣葛卷町的一所小學，帶來前所未有的體驗和新發現。究竟發生了什麼事？就讓我娓娓道來。

　　葛卷町是一座山區小鎮，人口約有七千人。其中有一所小學，全校學生只有二十九人。

葛卷町是什麼樣的地方？

葛卷町經常受到強勁冷風吹襲，生活環境相當嚴酷。這裡
沒有溫泉或滑雪場，很少有人前來觀光遊玩。當地居民
認為「不要怨嘆自己缺乏什麼，應該發揚我們擁有的事
物」，因此，他們在山坡地養牛，發展畜產業；利用山林
裡的落葉松，發展林業來維生。

一個春天的早晨，校長和小朋友一起打掃教室前的走廊。看到被掃進畚箕裡的好幾隻椿象，校長說：「雖然這些昆蟲都叫做椿象，但仔細看就會發現，有好多不同的種類唷！」

在這個地區，每年一到深秋，大約十一月左右，便有許多椿象入侵到屋內來過冬。椿象會聚集在屋子的縫隙等陰暗處，度過寒冷冬天。等到隔年春天，大約四月之後，天氣開始變暖，椿象就會從陰暗處跑出來，恢復活動。

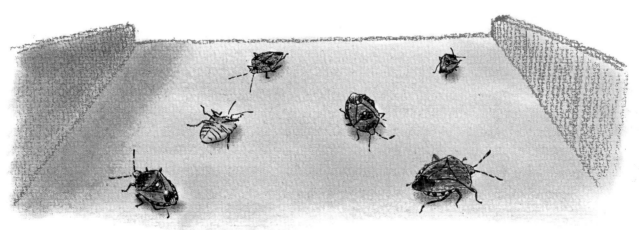

在朝會時，校長向全校學生提議：

「椿象會散發臭味，讓人覺得不舒服，大家都不喜歡，是很麻煩的昆蟲。不過，我們葛卷町有好多椿象，看來也分成很多種。仔細觀察就會發現，牠們的形狀和顏色各不相同，不同種的椿象有牠們自己的名字，例如〇〇椿象。我也不知道到底有多少種椿象，不如我們一起調查看看？大家一起來當『椿象博士』吧！」

　　聽著校長興高采烈的說著，每個人的內心卻有些遲疑。因為……
大家只知道椿象是又臭又難纏的昆蟲，從來沒想過牠們各有自己的
名字。

事實上，對葛卷町居民來說，椿象一直都是「惱人的昆蟲」，毫無益處。舉例來說，每年秋天，椿象都會鑽進飯店房間，引起住客投訴。因此，飯店人員會在房間擺放殺蟲劑與膠帶，還在牆上貼著「椿象爆發期」的警告標示。儘管事前做了準備，還是有些住客不滿自己住到臭氣沖天的房間，不願支付住宿費用。

中黑苜蓿盲椿象

不僅如此，椿象還會吃掉田裡的稻子和毛豆，造成農民的損失。

　　小學旁邊有一所國中，更是遭到大量椿象入侵。每逢在體育館上課的日子，都必須先澈底打掃，清除地板上的椿象才行。在椿象大量繁殖的秋季，清掃出來的椿象可以裝滿四大包垃圾袋。

　　不只是學校，椿象也會入侵一般住宅，要是不小心摸到牠、踩到牠就糟了，因為牠的臭味將久久不散。

　　正因為如此，小朋友才會對於校長說「來當椿象博士」的提議感到遲疑。

褐翅椿象

　　後來大家決定，只要發現椿象就拍下照片，從圖鑑中找出牠的名字，並記錄發現的日期、時間與場所，以及觀察到的相關事項等等。然後將椿象放入塑膠袋做成標本，再貼在走廊的牆上展示。

　　第一個確定名字的椿象是「褐翅椿象」。第二天，大家又找到第二種椿象，叫做「北曼椿象」。

隔天，又有一個男同學發現了第三種椿象。他跑到校長室興奮的問：「校長，我找到新椿象了，牠叫什麼名字呢？」

北曼椿象

　　大家開心的翻著圖鑑，你一言，我一語的說：「是不是這一隻？」「這跟圖鑑上的有點不一樣。」「牠的體型應該更大一點吧？」

　　他們也在圖鑑上找到一些外觀相似，難以分辨的種類。「北曼椿象」與「紫藍曼椿象」的身體都閃著紫色光芒，非常美麗，兩種長得很像。嗯……究竟哪個才對呢？

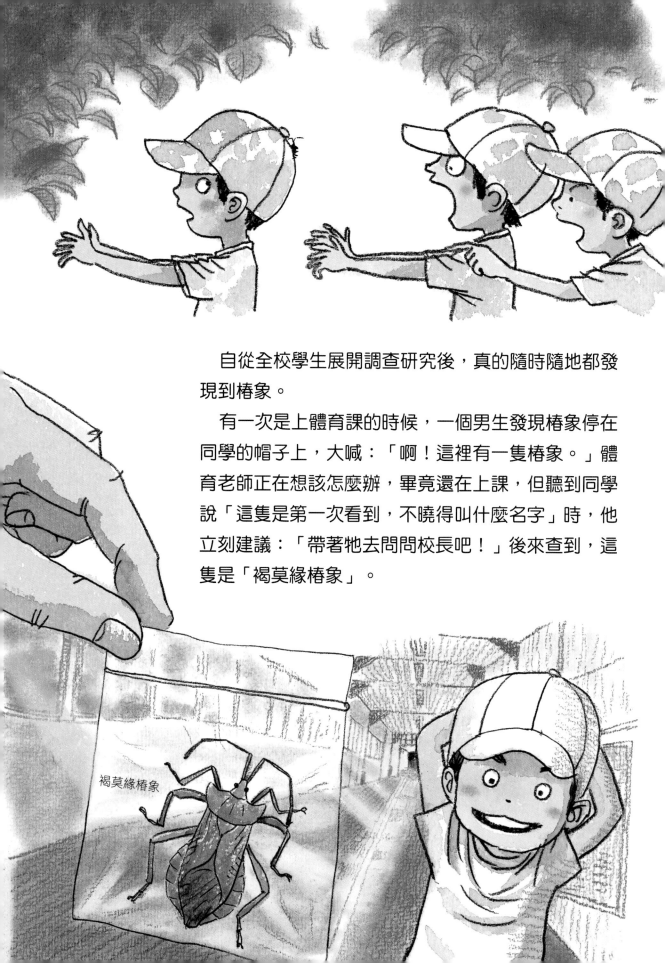

自從全校學生展開調查研究後，真的隨時隨地都發現到椿象。

有一次是上體育課的時候，一個男生發現椿象停在同學的帽子上，大喊：「啊！這裡有一隻椿象。」體育老師正在想該怎麼辦，畢竟還在上課，但聽到同學說「這隻是第一次看到，不曉得叫什麼名字」時，他立刻建議：「帶著牠去問問校長吧！」後來查到，這隻是「褐莫緣椿象」。

褐莫緣椿象

扁盾椿象
5齡幼蟲

　　還有一次是大家在操場除草的時候，一個女生小聲的問老師：
「這隻……是椿象嗎？」老師回答：「很可惜，我覺得這隻應該
不是椿象。」另一個男生伸出手說：「給我看一下。」男孩把那隻
蟲翻過來，看了看牠的腹部，然後說：「這隻是椿象，看牠的口器
就知道了。」椿象具有像吸管一樣長長的口器，可以從這一點來辨
識。他們發現的是「扁盾椿象」的幼蟲。

碧椿象

　　春季遠足的那天，小朋友和老師、家長一起前往學校養護的森林。大家才剛到達吃午餐的地點，有個女生立刻大叫：「哇！我發現了一隻椿象！好漂亮喔，老師，交給你保管。」這隻大而且顏色鮮綠的椿象，名叫「碧椿象」。

金綠喙椿象

　　下課時間，小朋友們在校舍後面玩耍，他們在栗子樹的樹幹上，發現一隻閃著綠色光芒的椿象，驚呼不已。那隻椿象又大又漂亮，大家不敢動手去抓。他們請老師過來，老師用袋子蓋住椿象，把牠抓起來。查看圖鑑之後，發現牠是一種肉食性椿象，名叫「金綠喙椿象」。

　　大家認真的尋找，陸續在身邊各個地方發現不同的椿象，包括操場的草地裡、上下學經過的道路護欄上、路邊的野草野花之間，以及住家附近的農田中。誰也沒想到，原來椿象有這麼多種。

貼在走廊牆上的椿象數量日漸增加。親眼發現椿象帶來的喜悅，
激勵大家去尋找更多的椿象。

隨著椿象數量愈來愈多，他們發現了一些學校圖鑑裡沒有的椿象。校長看到孩子們研究椿象時開心的模樣，決定為學校購買一本椿象種類最齊全的新圖鑑，那是研究椿象的專家所使用的。

椿象是什麼樣的昆蟲？

根據統計，光是棲息在陸地上的椿象，全世界就有三萬八千種，日本則超過一千一百種。椿象的體型大小也很多樣，從不足一毫米到將近三公分都有。另外，棲息在水邊的水黽、水螳螂等，也是椿象家族的成員。

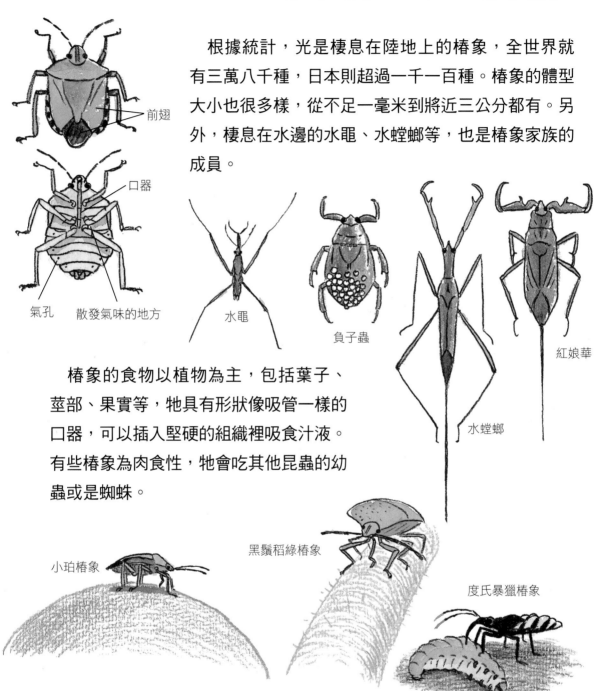

前翅

口器

氣孔　　散發氣味的地方

水黽

負子蟲

紅娘華

水螳螂

椿象的食物以植物為主，包括葉子、莖部、果實等，牠具有形狀像吸管一樣的口器，可以插入堅硬的組織裡吸食汁液。有些椿象為肉食性，牠會吃其他昆蟲的幼蟲或是蜘蛛。

黑鬚稻綠椿象

小珀椿象

度氏暴獵椿象

雖然椿象是不受歡迎的臭蟲，但愈是深入了解牠，就愈覺得牠很有趣。比如說……

長得不一樣的親子？

金綠寬盾椿象的成長過程（1齡幼蟲～成蟲）

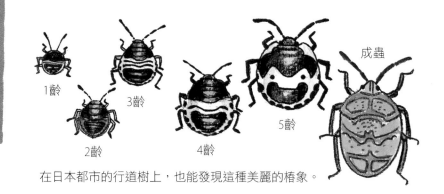

成蟲

1齡

2齡

3齡

4齡

5齡

在日本都市的行道樹上，也能發現這種美麗的椿象。

　　大多數的椿象，從卵孵化為幼蟲之後，會經過五次蛻皮，才能成長為具有翅膀的成蟲。每次蛻皮，椿象的體型都會變大，模樣也會改變。儘管是同一種椿象，但幼蟲和成蟲的外觀截然不同。

椿象的背上有人臉？

　　許多椿象的背部都有圖案，而且看起來很像人臉。有的看起來像笑臉，有的像生氣的臉，還有可怕的臉、孩子般的臉以及老爺爺的臉。

黃盾背椿象
3齡幼蟲

大盾背椿象
4齡幼蟲

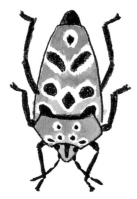

黃盾背椿象

日本羚椿象
5齡幼蟲

　　很棒的一點是，椿象的移動速度不像蝴蝶和蜻蜓那麼快，所以人們可以仔細觀察牠停在葉子上的模樣。

暑假到了。因為大家從春天開始就一直在尋找椿象，出門在外都會注意有沒有椿象，到後來甚至和同學在戶外玩耍時，還會脫口說出「啊，這是斑鬚椿象！」這類的話來。

　　沒錯，他們不是單純的說「這裡有一隻椿象」，而是認得之前所發現過的椿象的「臉」，看一眼就能叫出名字。

第二學期一開學，一個二年級的男生，手裡拿著一隻大家沒見過的椿象，大喊著：「我在家門前發現一隻新的椿象！」

　　這隻椿象有綠色的身體，搭配紅色條紋。同學們你一言，我一語，非常興奮的說：「好漂亮啊！」「有好多顏色混合！」「閃閃發亮，好像寶石喔！」這隻椿象名叫「金綠寬盾椿象」。

山峰漸漸染上許多顏色，在秋季遠足的這天，有人說了一聲：
「啊，有椿象。」其他人立刻專注的投入尋找椿象。

　　不一會兒，一個男生大喊：「我有新發現！」大家從沒見過這種
椿象。牠有綠色的身體和褐色的翅膀，名字是「小珀椿象」。

小珀椿象

有一位陪兩個女兒參加遠足的爸爸，看到這種情況，感動的說：

「我的小孩以前很討厭蚱蜢和蟋蟀，但最近只要在家裡發現昆蟲，她們會試著靠近觀察，還興奮的認出那是褐翅椿象。」

隨著氣溫一天變得比一天冷，椿象又陸續進入住家避寒過冬。女孩的家裡聚集了許多椿象，她們一一查詢椿象的名字，發現牠們是北曼椿象、褐翅椿象和紅足壯異椿象。

椿象解謎大研究

椿象用牠們吃的食物做為材料，在體內製造出幾種液體，這些液體就是臭味的來源。椿象可以利用氣味，對自己的同伴發出「快逃！」或是「集合啦！」這樣相反意思的訊號。當牠想逃離敵人保護自己，還有警告同伴有危險，或是傳達「有一個過冬的好地點，過來加入我們吧！」等不同訊息時，就會散發不同氣味。

呃！

哇！
不要過來！

牠死掉了

當椿象發出「危險！」的訊號時，會散發強烈氣味。在這種時候，如果把椿象放在密封的瓶子裡，椿象很可能會被自己的味道臭死。另外，椿象發出「集合啦！」訊號時的氣味，據說可以飄散數十公尺遠，實際狀況會受到氣象條件影響。

對許多人來說，椿象的氣味「很難聞」，但也有些人喜歡這種味道。像是中華料理、葡萄牙料理和東南亞料理常用的香菜，它的香氣就和椿象的氣味十分接近。不僅如此，椿象的氣味成分也被拿來製成香水，雖然使用的量很少。

　　話說回來，椿象在體內製造氣味成分，需要耗費能量，因此當椿象發出臭味之後，還需等待一段時間，牠才能再次散發出來。跟椿象相處的最好方法，就是「溫柔的、輕輕的」對待牠。只要不讓椿象感到危險，牠就不會發出臭味。

欸！

味道真的很像耶！

輕輕的
輕輕的

為什麼會聚在一起？

許多椿象喜歡群聚，情況因種類而有差異，常見的是從卵剛剛孵化出來的一齡幼蟲，在度冬時期和求偶交配時期的椿象，也喜歡聚在一起。

金綠寬盾椿象
1齡幼蟲

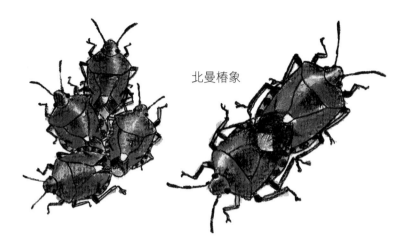

北曼椿象

一般椿象的體長為一公分左右，這類大小的昆蟲，很容易因為乾燥氣候導致體內水分流失，溫度的變化也會危害牠們的生命。不過，如果牠們擠成一團，在每隻椿象一點一點的輕微呼吸下，所維持的濕度和溫度，能夠提高牠們存活的機會。

原來是這個原因才群聚的呀！

那也沒辦法。

鈍肩普緣椿象

　　當椿象群聚在一起，遇到敵人來襲時，就可以立刻警告同伴；還能增加雄椿象與雌椿象相遇的機會，有助於繁衍後代。由此可見，聚在一起生活的好處多多。

　　冬天到了，開始吹起強勁的北風，冷冽的風勢劃得臉頰好痛。操場上覆蓋著一層白雪，在野外活動的椿象變得愈來愈少，張貼在走廊牆上的椿象標本已經有三十多種。一個小朋友看到這些椿象標本，雀躍的說：「校長，這些椿象是我們的寶貝！」

聽到這句話，校長思索了一番，這些椿象因為臭臭的，原本讓人很討厭，如今卻成為學生們的「寶貝」——那麼，何不把今年大家發現的椿象紀錄，整理製作成我們自己的椿象圖鑑呢？

圖鑑！

就這樣，校長統整了學生們發現到的所有椿象物種，製作成手工書《椿象圖鑑》，並發送給全校師生每人一冊。

不過，在製作《椿象圖鑑》時，校長很擔心一件事。這些椿象的名字是比對專業圖鑑裡的照片而來的，但她不確定名稱是否正確，因為有些種類的椿象看起來非常相似，很可能出錯。

於是，校長寫了一封信給製作專業圖鑑的出版社，詢問是否能請專家協助確認，這本自製的《椿象圖鑑》裡面有沒有錯誤。

讀到這封信的圖鑑作者當中，有兩名學者表示想去葛卷町調查椿象，他們也計畫拜訪這所小學，與對椿象深感興趣的小學生聊一聊椿象。

「這麼有名的學者，真的要來我們的小鎮嗎？」學校師生和鎮上居民，感到如夢幻般的驚喜。

　　隔年二月，圖鑑的作者，也就是椿象專家，冒著雪來到葛卷町。椿象專家開設了一堂特別課程，並告訴大家，《椿象圖鑑》中的物種名稱有三個錯誤。

　　最後，椿象專家這麼說：「從葛卷町的植物種類來推測，這裡至少有兩百種椿象。接下來大家一起調查椿象吧！到了椿象開始在戶外活動的春季時，我們會再過來。」

寬鋏原同椿象

褐翅椿象

黑脂獵椿象

阿穆爾匙同椿象

紅足壯異椿象

蠋椿象

鈍肩普緣椿象

黑條紅椿象

東方扁椿象

斑脊長椿象

這些是學生們第一年在葛卷町發現的三十五種椿象，收錄在《我們的椿象圖鑑》裡。

褐莫緣椿象

扁盾椿象
5齡幼蟲

稻棘緣椿象

北二星椿象

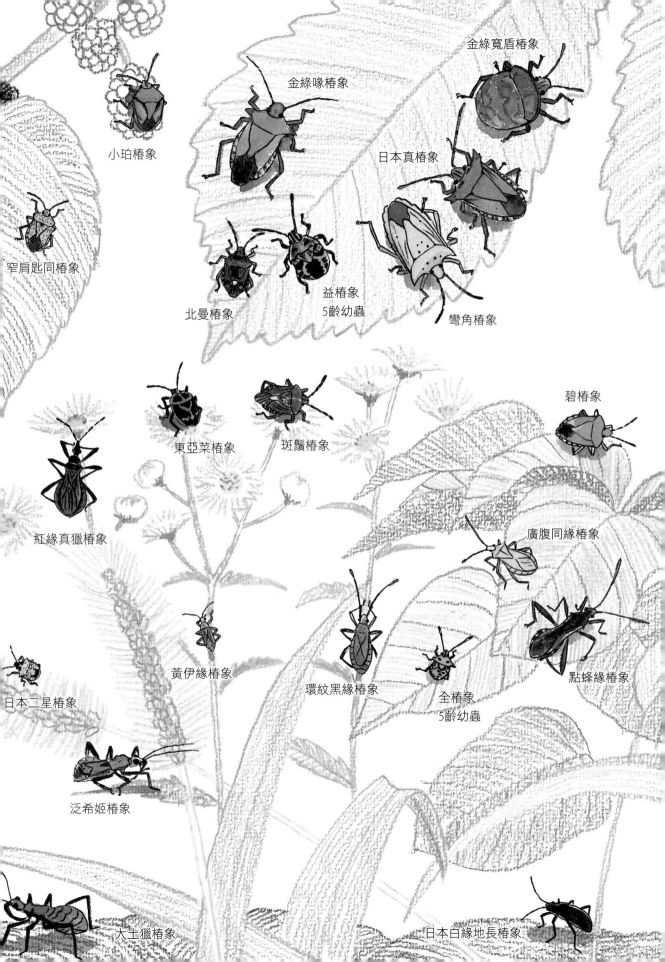

小珀椿象

金綠喙椿象

金綠寬盾椿象

日本真椿象

窄肩匙同椿象

北曼椿象

益椿象
5齡幼蟲

彎角椿象

碧椿象

東亞菜椿象

斑鬚椿象

紅緣真獵椿象

廣腹同緣椿象

日本二星椿象

黃伊緣椿象

環紋黑緣椿象

全椿象
5齡幼蟲

點蜂緣椿象

泛希姬椿象

大土獵椿象

日本白緣地長椿象

春天再度拜訪這座山區小鎮，覆蓋在操場的積雪大多已經融化，吸飽水分的土壤開始長出草來，櫻花的花苞也即將綻放。再過不久，椿象專家就要來了。

　　真希望椿象快一點出現……今年又會發現哪些新種呢？

感謝下列人士協助完成本書

岩手縣葛卷町立江刈小學全體教職員與學生
小野公代（前江刈小學校長）
石川忠（東京農業大學）
長島聖大（伊丹市昆蟲館）
守屋成一（農研機構）
水谷信夫（農研機構）
遠藤信幸（農研機構）
大久保清樹（全國農村教育協會）

● 作繪者介紹

鈴木海花 Suzuki Kaika

攝影散文作家。以「昆蟲」題材呈現大自然的精細之美和引人入勝之處，透過照片與文字向大眾介紹「從昆蟲的角度看世界」已二十五年餘。著作包括《以昆蟲視線漫步》（Blues Interactions）、《昆蟲視線大推薦》（全國農村教育協會）、《發現愈來愈多昆蟲》（文一綜合出版）等。自二〇一八年以來在部落格「以昆蟲視線漫步」，向世界宣傳埼玉縣飯能市豐富的自然美景。

秦好史郎 Hata Koshiro

一九六三年出生於兵庫縣。繪本作家、插畫家。繪本著作繁多，包括《在圓木橋上搖晃》、《帶我去抓蟲！》、《冬天去抓蟲！》（維京國際），《鳥兒與郵差》、《寶寶出生了》、《拿破崙貓咪家族》（福音館），《夏日的一天》（青林），《淅瀝嘩啦下大雨》（小光點）等。

● 譯者介紹

游韻馨

在豆府小樓與八隻豆豆一起過著鄉下生活的自由譯者。譯作包括《哆啦A夢科學任意門系列》、《一人創業強化攻略》、《歷史的轉換期7》、《有趣到睡不著的植物學》、《翻轉思考力的日本哲學》、《在我遇到老公之前》等多部作品。部落格 kaoruyu.pixnet.net/blog　電子信箱 kaoruyu@hotmail.com

● 中文昆蟲名稱審定

樂大春 Dávid Rédei

國立中興大學昆蟲學系副教授。專精椿象的系統分類學、形態學。